www.ingramcontent.com/pod-product-compliance
Lightning Source LLC
Chambersburg PA
CBHW031530210526
45463CB00009B/559
9781672456470